米苏夫人的闺密悄悄话

压力不山大

[德]米苏夫人 著

徐琪雯 译

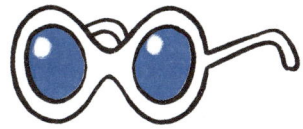

青岛出版集团 | 青岛出版社

Madame Missou lebt stressfrei
© 2017 GABAL Verlag GmbH, Offenbach
Published by GABAL Verlag GmbH
Simplified Chinese Language Translation Copyright © 2022
by Qingdao Publishing House Co., Ltd., arranged through CA-LINK
International LLC. (www.ca-link.cn)

山东省版权局著作权合同登记号 图字：15-2021-232

图书在版编目（CIP）数据

压力不山大 /（德）米苏夫人著；徐琪雯译. —青岛：青岛出版社，2022.1

ISBN 978-7-5552-8669-1

Ⅰ.①压… Ⅱ.①米…②徐… Ⅲ.①女性–压抑(心理学)–通俗读物 Ⅳ.①B842.6-49

中国版本图书馆CIP数据核字（2021）第279622号

	YALI BU SHAN DA	
书　　名	压力不山大	
著　　者	[德]米苏夫人	
译　　者	徐琪雯	
出版发行	青岛出版社	
社　　址	青岛市崂山区海尔路182号（266061）	
本社网址	http://www.qdpub.com	
邮购电话	0532-68068091	
策　　划	周鸿媛　王　宁	
责任编辑	王　韵	
特约编辑	孔晓南	
封面设计	毕晓郁	
照　　排	青岛乐道视觉创意设计有限公司	
印　　刷	青岛乐喜力科技发展有限公司	
出版日期	2022年1月第1版　2022年1月第1次印刷	
开　　本	32开（710毫米×1000毫米）	
印　　张	3.5	
字　　数	42千	
书　　号	ISBN 978-7-5552-8669-1	
定　　价	29.80元	

编校印装质量、盗版监督服务电话　4006532017　0532-68068050
建议陈列类别：心理自助　励志

前言

首先,我想给你看一组数据:2011年,德国境内记录在册的由心理疾病导致的病假天数超过

5000万。相比15年前,这一数字增长了80%以上。简直令人难以置信,不是吗?

根据健康专家和保险公司的估计,德国有多达一千多万员工患有慢性疲劳综合征。另外一些调查和统计数据显示,德国有约一半的员工感到"有压力",约四分之一的员工认为自己"压力非常大"。这些数字让人触目惊心!现在,是时候集中精力应对"压力"这一问题了!

当然，有压力不一定是坏事。在某些情况下，适度的压力可以激励我们，为我们提供动力。但是，如果长期处于压力状态下，无法好好地休息，找不到有效的减压方式，那么我们的生理和心理健康都将受到威胁。

在这本书中，我们将深入了解压力是什么，压力是如何产生的，以及如何正确地缓解压力。我会邀请你做一个简单的压力测试，并且向你展示缓解压力的有效方法和技巧。

抱歉，我还没有做自我介绍：我是米苏夫人。对我来说，端着一杯拿铁和我最好的朋友闲谈，就足以让我感到幸福！

现在，请坐下来休息休息，不要给压力任何乘虚而入的机会！

米苏夫人

目录

压力是什么   1

- 压力状态下,身体会发生哪些变化   4
- 压力来自哪里   10
- 压力对健康有哪些影响   13
- 压力并非百害而无一利   18
- 测试:你的压力有多大?   21
- 究竟是什么让你感到有压力   25
- 识别并应对慢性疲劳综合征   30

减少日常生活中的压力   35

- 识别日常生活中的压力源   36
- 缓解日常生活中的压力   43
- 小练习   47

减少亲密关系中的压力 53

- 为什么亲密关系中也会有压力 54
- 压力往往是亲密关系的终结者 57
- 如何摆脱亲密关系中的压力 59

减少工作压力 64

- 工作中的压力陷阱 65
- 对抗工作压力的五大妙招 69
- 如何说服你的领导 77

认识并改变有害的减压策略 81

- 压力大时,为什么容易依赖成瘾性物质 82
- 戒瘾,从大脑开始 85
- 摆脱成瘾行为 87

缓解负面压力的有效技巧 89

结语 99

压力是什么

工作和生活中的一些琐事（如与伴侣或孩子之间的问题）通常被认为是压力的主要来源。许多职场人士因为目前多任务并行处理能力备受推崇而感到不知所措，被任务完成的最终期限和绩效考核指标压得喘不过气来。此外，看似简单的每日例行事务也会给人带来压力。压力，这个让人恐惧的词的背后究竟隐藏着什么呢？

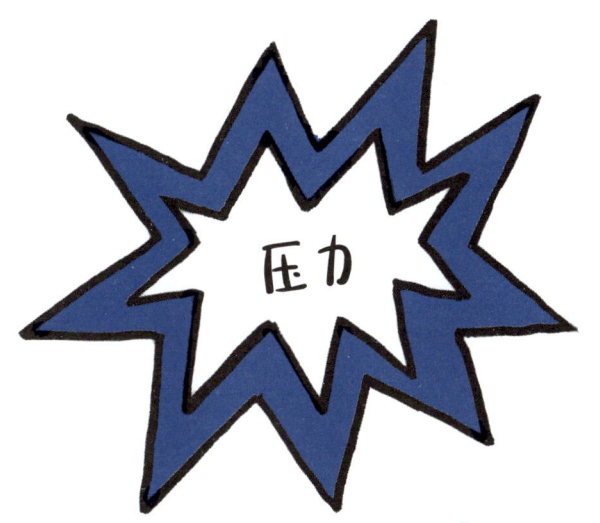

压力状态下，身体会发生哪些变化

不论是从生理层面还是从心理层面来讲，压力都属于人体的一种应激反应。压力反应是人体的自我保护机制，它的存在使我们的祖先得以在恶劣的环境中生存下来。凶猛的动物、敌对的部落和其他危险无时无刻不在威胁着我们的祖先，因此他们必须有能力在面对各种紧急情况时迅速做出反应。只有能够敏捷地从野兽的利爪下逃脱或者用棍子击中野兽的人才能幸存下来。而那些反应不及时的人，转眼间便会沦为野兽的盘中餐。

因此，我们祖先的身体逐渐形成了这样的反应机制：面对危险、处于紧张的状态时，行为几乎完全出于本能，身体的潜能会被激发，爆发力也会瞬间增强。这就是

人类在面对压力时的自我保护机制。而且，无论我们面对的是哪一种类型的压力，都会触发同样的反应机制。

如今，虽然我们的生命已经很少会受到野兽等事物的威胁，但是在生活中，我们仍旧面临着其他各种类型的压力。当我们感受到压力时，我们的潜能便会被激发出来，使我们提高效率，增强战斗力，以便能够及时脱离困境。

压力状态下,人的身体会发生以下变化:

- 呼吸急促,以便将更多氧气输送到体内。
- 心率加快,血压升高,以便向肌肉输送更多血液。
- 释放更多的葡萄糖进入血液,以确保身体有更多的能量。
- 肾上腺素分泌增多,以便人体快速做出反应。
- 减少向消化器官、生殖器官等在此过程中不起重要作用的器官供能。

难怪当我们处于压力状态时,对甜食的渴望会增强,心率会加快,身体会发热,出汗会增多,而且通常会非常烦躁。上述反应你肯定也不陌生吧?

也许,你也遇到过下面这种情况:你必须按时完成一个项目,但是剩下的时间不多了。在这种情况下,你往往会将全部的注意力都放在眼前的这个项目上,忽略其他所有东西。当你顶着压力专注于手头的工作时,衣服被汗水打湿,手心全是汗,你却全然不知,手指仍在键盘上飞快地敲打着。

处于压力状态时,身体会分泌大量的肾上腺素,所以当你摆脱压力时,情绪往往会非

常高涨。不过这种情绪只有在身体接到"警报完全解除"的信号时才会出现。如果身体没有接到这一信号,那么你将长期处于肾上腺素飙升的状态。注意,这时麻烦就会向你逼近,因为长期处于这种状态显然对身体健康不利。

我的建议:

当我们处于压力状态时,身体会发出明显的信号。因此,平时我们要注意观察和留心自己的身体状态,以便及时感知到身体发出的信号,采取应对措施。

压力来自哪里

如今,我们可以说是生活在一个充满压力的时代。引发压力的因素统称为压力源,它们的类型各不相同。

压力源不仅包括现实生活中的各种特殊情况,如失业或亲人去世等,还包括生活中的各种小事,如电脑死机、电话响个不停、老板要找我们谈话、错过公交车或者不知道把钱包落在哪儿了等。这些事让我们每天都承受着压力,只是有时压力大些,有时压力小些。

同样地,人际关系问题也会导致压力的产生。例如:

- 遭遇校园霸凌。

- 与家人发生冲突。
- 工作中被同事算计。
- 领导偏心其他同事。

然而,并非所有的压力都来自外界,还有很多压力的产生与一个人的思维模式和行为方式密不可分。如果你是一个完美主义者,或者缺乏自信,同时又认为"一个人价值的大小取决于成就的高低",那么你的压力自然不会小。此外,压力大容易导致一个人饮食不均衡、不爱动、经常抽烟和喝酒、依赖药物,而这些不良习惯又会导致压力加剧,从而形成恶性循环。

画重点

喝大量咖啡、抽烟和吃垃圾食品虽然能暂时缓解压力，但从长远来看，这些方法有害无益，因为不健康的生活习惯会导致压力加剧，从而形成恶性循环。

压力对健康有哪些影响

毫无疑问，我们每个人在生活中多多少少都会面对一些压力，这是再正常不过的现象。只要我们懂得如何适当地放松，使身心得以及时恢复，那就没什么可担心的。

但是，如果我们不懂得如何应对压力，使短期压力演变成长期压力，情况就会变得很棘手。长期处于压力状态下的人更容易被肥胖问题困扰。因为身体对能量的需求量增加，人们会大量进食，导致食物的摄入量远远超过身体所需，从而危害身体健康。不仅如此，处于这种状态时，人体对高糖、高热量的食物也会更加渴望，

而过量摄入这类食物也对健康有害。

不仅如此,处于压力状态时,人体会释放更多的葡萄糖进入血液,以确保身体有更多的能量。这一机制其实十分合理,因为它确保了我们的祖先在面对饥肠辘辘的野兽时,能够凭借足够快的速度和良好的耐力逃跑。而现代人更多时候是坐着办公,无法通过运动消耗大量的能量。长期处于压力状态时,身体中的这些多余的能量往往会转化为脂肪,堆积在臀部等部位。所以尽管一直在节食,很多人的体重还是年复一年地增加,他们甚至不知道这些多余的肉肉是怎么来的。

我和我的医生朋友吉尔斯探讨过这一问题,他告诉我：长期处于压力状态会导致胰腺持续超负荷工作，引发2型糖尿病。不仅如此，长时间承受过大的压力还会导致心脏长期超负荷运转、心率过快，从而引发高血压和心血管疾病，甚至危及生命。

此外，长期处于压力状态会导致消化器官和生殖器官长期得不到足够的能量供应，肠胃问题（如胃溃疡）也会随之而来，甚至会导致不孕不育。长期处于高压之下的人，患中风的风险也会明显增加。不过，我们也不必过分紧张，这些只是极端情况。但是无论如何，我们需要明白一个道理：

长期压力过大会让我们生病！

画重点

长期处于压力状态并不意味着员工会特别勤奋或者可以高效地完成工作。恰恰相反，长期处于压力状态会使员工大脑的整体机能下降，导致员工的工作能力和工作效率下降。

除了生理方面的影响外,长期处于压力状态也会影响我们的心理健康,使我们变得烦躁不安,而且会时常莫名忧伤,暴躁易怒。总之,压力会导致很多负面情绪滋生,如果得不到有效疏导,久而久之,这些负面情绪可能会演变成慢性疲劳综合征甚至是抑郁症。**因此,长期处于压力状态所造成的恶果不容小觑。**

压力并非百害而无一利

当然，并非所有的压力都会带来负面影响。有时，压力也会给人带来正面的影响，让人感觉良好，心情愉悦，竭尽所能地做好自己喜欢做的事情。

压力在什么情况下会给人带来正面影响呢？例如：当我整日在自家的咖啡店里忙碌，在顾客间奔走，为他们点单、送上咖啡和刚出炉的牛角包时，我就会被这种压力环绕。虽然我必须同时兼顾很多客人的需求，还得始终保持亲切和善的服务态度，但是我乐此不疲，因为我爱我的工作！

这两种压力最大的区别在于，我们热爱给我们带来压力的事并享受做这件事的乐趣。瞧，我们完全可以利用这一点：通过把注意力集中到当前所做的事情上，并从中挖掘乐趣，来规避负面压力带给我们的不良影响。

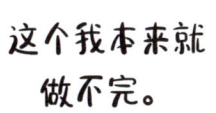

对自己说"我能行"也是缓解压力的有效做法。这个方法虽然听起来很简单,但是确实有效。自我激励不仅可以给我们带来巨大的动力,还能防止我们被消极的情绪所笼罩。为什么不试一试呢!

时不时地休息一下,对缓解压力也十分有效。我们可以有意识地抽出一些时间让自己平静下来,让身心得以放松。

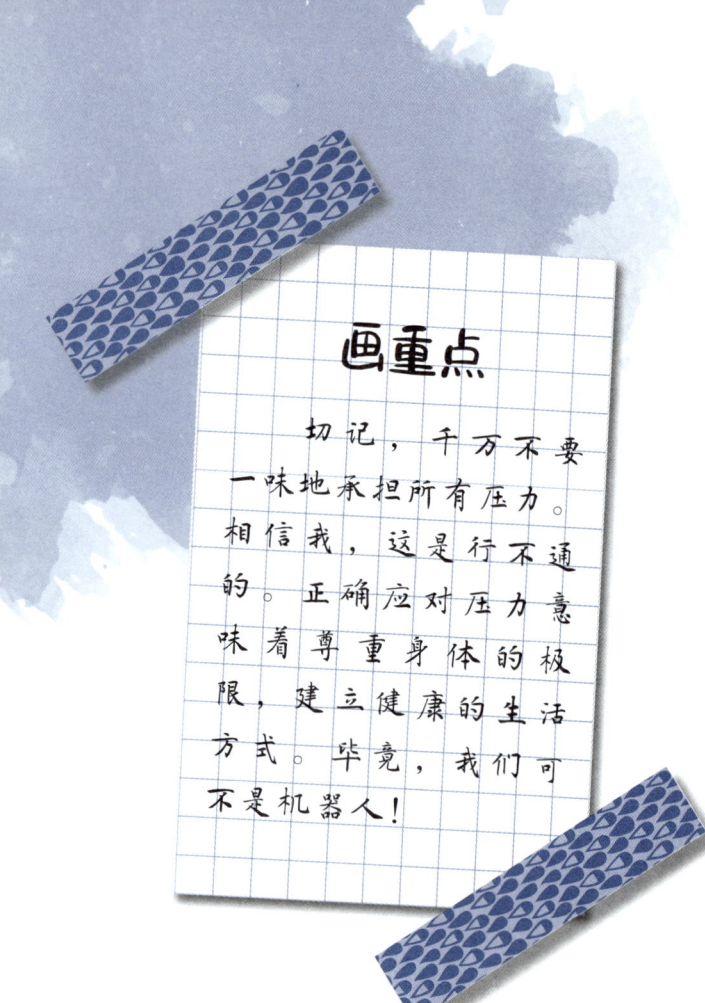

画重点

切记,千万不要一味地承担所有压力。相信我,这是行不通的。正确应对压力意味着尊重身体的极限,建立健康的生活方式。毕竟,我们可不是机器人!

测试：你的压力有多大？

我们往往很难意识到自己的压力到底有多大。很多人倾向于掩饰或者淡化压力对自己的负面影响。你也会这样做吗？

在这里，我给你准备了一个简单的压力测试，它由16个问题组成，你只需要回答"是"或"否"。如果回答以"是"为主，说明你的压力很大；反之，则说明你的生活相对轻松。不过这并不是专业的科学测试，它只能辅助你对自己压力的大小做出初步的评估。**准备好了吗？让我们开始吧！**

1. 你是否经常因为无法让大脑停止高速运转而清醒地躺在床上,长时间无法入睡?或是虽然睡眠时间很长,却仍然感到疲惫? ■ 是 ■ 否

2. 你是否因为时间或精力不足,而很少把时间花在业余爱好或家庭活动上? ■ 是 ■ 否

3. 如果你有孩子:你是否因为自己喜欢安静,而很少陪孩子一起玩耍,享受愉快的亲子时光? ■ 是 ■ 否

4. 你是否因为觉得维持人际关系需要耗费大量的时间和精力,而很少和朋友或同事聚会? ■ 是 ■ 否

5. 你是否经常觉得头疼、肠胃不适,却找不到明确的生理方面的原因? ■ 是 ■ 否

6. 你是否在下班后仍然难以放下工作，做不到彻底地放松身心？　■ 是　■ 否

7. 你是否经常吸烟或饮酒过量？　■ 是　■ 否

8. 你是否会饮用大量咖啡或其他含咖啡因的饮料（如可乐、功能性饮料）？　■ 是　■ 否

9. 你是否总是在度过了一个空闲的周末后仍然感觉身心俱疲，无法振作精神？　■ 是　■ 否

10. 你是否容易被邮件或电话等分散注意力？在注意力分散后是否很难马上集中注意力？　■ 是　■ 否

11. 遇到问题时你是否只是在被动地接受，而不是积极地采取行动去解决问题？　■ 是　■ 否

12. 你是否觉得自己像"跑轮里的仓鼠"一样，虽然一直在不停地奔跑，但是依旧一无所获？　■ 是　■ 否

13. 你是否经常在察觉到内心对工作（或其他压力源）有所抗拒的情况下，仍然坚持工作？　■ 是　■ 否

14. 你是否经常因为一些小事而发怒，甚至变得暴躁？　■ 是　■ 否

15. 你是否经常因为担心自己无法完成工作，所以工作期间不休息或者只休息极短的时间？　■ 是　■ 否

16. 你是否经常吃饭时也不休息，一边吃饭一边继续工作？　■ 是　■ 否

究竟是什么让你感到有压力

很好,现在或许你可以更好地评估自己当前的压力水平了。相信我,我非常清楚承认自己的压力水平已经达到危害健康的程度并不是一件容易的事情。

如果你赞同我上面的说法,那么下面这个事实也许能带给你些许安慰:很多人在这方面都会对自己说谎。很多压力很大的人都会自欺欺人,认为自己一切正常,甚至还会因为自己时刻处于紧绷状态而产生优越感。

以一位工作非常拼命的投资银行家为例。他对每天工作少于十三四个小时的人充满偏见,认为那些人都是胸无大志的懒虫。实际上,把这种生理、心理上的异常状态(即长期处于高压状态)当作常规状态来对待,是对身体的极大考验。

因此，意识到自己压力很大是一件值得庆幸的事。祝贺你，我真心为你感到高兴，因为你已经开始着手改变自己的现状了。自我反思是走出压力旋涡的第一步。你真勇敢，已经迈出第一步了！接下来，我们必须弄清楚你的压力源究竟是什么。

我的建议:

　　压力的产生可能有很多种原因,有时你甚至会在毫无意识的情况下受到压力的影响。让我们一起找出压力的成因吧!只有弄清成因,我们才能积极地采取行动来摆脱它。

紧张的工作通常被认为是压力产生的首要因素。但是年幼无知的孩子，年迈体弱的父母，吹毛求疵的伴侣、朋友或同事也在迅速消耗我们的精力，让我们身心俱疲。尤其是当这些因素同时出现时，我们会感到"压力山大"。

此外，对自己的期望和要求过高也会导致压力产生。你是否觉得一切都应该是完美无瑕的？工作上应该取得卓越的成就，家庭生活中的大小事务应该都在自己的掌握之中，业余生活应该丰富多彩……**就这样，你逐渐忘记了自己是谁，以及自己到底想要什么，而这一切都源于对自己的期望和要求过高。**

如果你正在寻找摆脱压力的途径，那么请客观诚实地面对自己，审视自己是不是自我要求过高。**你可以把期望自己做到的事情都写下来，然后做出判断。**

我对自己的期望

识别并应对慢性疲劳综合征

我知道，不少人嘲笑慢性疲劳综合征是一种"时髦病"，并不把它当回事，有人甚至认为它是心理医生的"发明"，用来招揽更多的病人赚更多的钱。这种观点非常可笑，因为慢性疲劳综合征是一种与长期过度劳累关系密切的综合征。简单地说，慢性疲劳综合征是一种由多年来日积月累的慢性疲劳诱发的疾病。

慢性疲劳综合征有时候出现得非常突然，患者也许前一天还在照常工作和生活，第二天就心力交瘁，觉得自己什么都做不了了。**但实际上，慢性疲劳综合征是由长年累月的过度劳累和压力无法排解导致的。**它的典型表现在前面的压力测试中已经提到过一些。

慢性疲劳综合征的更多表现：

- 有睡眠障碍。
- 一直处于疲倦、无力的状态，感到筋疲力尽。
- 健忘，难以集中注意力。
- 无精打采，无法振奋精神或激励自己。
- 对任何事物都不感兴趣，无论是新闻资讯还是朋友们的故事。
- 只想自己待着，不想被打扰。
- 认为自己是个失败者。
- 觉得自己做的一切都毫无意义。
- 很绝望，被无助感和对自己失望的感觉淹没。

- 情绪波动大，经常情绪低落，易怒。
- 担心自己无法应对日常生活。
- 对任何事都不抱有期待，好像天空都变成了灰色的。
- 身体状况百出，常常觉得头疼、头晕眼花，经常感冒，肠胃常常有不适感，患有心血管疾病，听力下降甚至时常耳鸣。

你是不是也有上述表现呢？如果有的话，现在就得采取应对措施了！慢性疲劳综合征可不是闹着玩的。不幸的是，休息一个星期甚至三个星期并不能根治它。如果你出现了上述表现，就需要马上采取措施来排解压力，同时，最好向医生咨询一下。

画重点

我们必须及时采取有效措施,来缓解紧张情绪,排解压力。拥有健康的自我意识可以帮助我们减轻压力带来的负面影响,拥有稳定平和的心态。

减少日常生活中的压力

快，出发吧！让我们寻踪觅迹，找出对我们影响最大的压力源，然后解决它！

识别日常生活中的压力源

上下班路上交通拥堵，超市收银台前排起长队，和孩子的老师沟通不畅……日常生活中，压力的来源多种多样，通常我们在没有意识到它的存在的情况下，就已经受到它的影响了。

想象一下下面这个场景：

> 下班了，你坐在车里正要去幼儿园接孩子。现在已经是下午四点半了，幼儿园半个小时后就会关门，所以你很着急。但是路上发生了一起交通事故，导致原本就十分拥堵的交通现在更是雪上加霜，三车道的马路现在只剩一个车道可以通行。
>
> 幸运的是，你在最后一刻赶到了幼儿

园,接到了孩子。但是他还想在外面多玩一会儿,不想跟你回家。想到等会儿还得去买菜,你不顾孩子的抗议,带着他离开幼儿园,匆匆赶去超市买菜。终于到了超市,你一边照看孩子,一边考虑晚上吃点什么好。超市里持续不断的音乐声让你感到烦躁,其中还夹杂着促销的广告。结账的时候,收银台前排起了长队,足足等了20分钟你才付完钱。

到了家,又有一摊子家务活在等着你。好不容易准备好了丰盛的晚餐,挑食的孩子却嘟囔着只想吃番茄酱意面。你迅速吃完饭,把脏衣服扔进洗衣机,接着还得洗碗……

读完上面这段文字,你的感觉如何?是不是已经感受到压力了?这不足为奇!即使是在再平常不过的日子,我们也会忙个不停,没办法停下来好好歇一歇。生活中的很多不起眼的事物都可能是我们压力的来源,只是它们通常是在无形中给我们制造压力,我们常常很难察觉到它们的存在,超市的广播就是一个很好的例子。只有当我们用心观察和感受,才会发现压力无处不在,让人疲惫不堪。

我们不可能完全远离各种日常琐事，唯一能做的就是学会冷静、有条理地处理它们。要做到这一点，首先得找到自己的压力源。引发压力的因素因人而异，同样的超市背景音乐或者尖叫着的小孩对不同的人造成的压力程度也是不同的。

留心观察自己的日常生活，每天晚上至少花5分钟的时间去记录究竟是什么让你持续性地感受到压力。就我个人而言，写"压力日记"在我寻找压力源的过程中给了我很大的帮助。

我的压力日记	
星期一	
星期二	
星期三	
星期四	
星期五	
星期六	
星期日	

找到压力源后，我们就要开始学习怎样缓解、摆脱压力或者说以更加积极的方式来应对压力。还有一点要注意：并非所有的压力源都来自外界，我们的心理状态以及对外界刺激的反应也可能将我们置于压力之下。

你可以问问自己：我是完美主义者吗？我属于好胜心特别强的人吗？如果玻璃杯里装了一半水，我会如何形容这个杯子——它是半满的还是半空的？通过不断地自我提问来进行自我剖析，我们可能会发现，很多压力源于我们自身。

作为一个对完美主义有执念的职场妈妈，我总是希望妥善地安排好一切。你也是这样吗？要求自己在工作上百分之百投入，生活中包容和支持孩子，倾听和关注伴侣的需求，照顾朋友们的感受，以及参加一些志愿活动……

但是，请记住：你不可能总是为他人而活，

也不可能满足每个人的需求！任何人都无法一直过着这样的生活。因此，我的建议是：**多为自己想想！**

先别急着否定这种观点，这与自私无关。想想看，如果你因为时间紧迫和工作量过大而变得暴躁易怒，随时都有可能崩溃，那么你要如何与家人保持亲密的关系，在工作中取得成功呢？

你要明白"少即是多"这个道理，学会给自己的生活做减法。在工作中，设定任务的优先级有助于你更好地完成工作；面对家务，时不时偷个懒、让家人多承担一些也没有那么糟糕。试一试吧！也许刚开始，会有一些人对你的改变感到惊讶或失望，但是从充满了持续性压力的日常生活中解放出来，对你来说是有好处的。**先调整好自己的状态再继续**为你爱的人提供帮助吧！

缓解日常生活中的压力

如今,手机已经成为我们日常生活中不可或缺的一部分。无论是在家还是出门在外,我们会不自觉地每隔几分钟便查看一下微信等即时通信软件和电子邮箱。这种必须"时刻在线"的感觉会在无形中给我们带来压力。越来越多的人过于依赖手机,甚至患上了"手机焦虑症",导致自己的正常生活受到了严重的影响。

因此,学会放下手机是我们缓解日常生活中的压力的重要切入点。不要让手机或者其他电子产品继续主宰我们的生活了!是否阅读电子邮件、信息以及什么时候阅读的决定权掌握在我们手中!

通过观察身边的人的表现,我们可以发现,

相比于受他人控制的人，自己掌握生活的主动权的人承受的压力要小得多。自主决定权是无价之宝，千万不要因为想要迎合他人而牺牲它。有些人一味地要求你服从他的意愿，将你个人的感受和需求放在一边。面对这种人，你要学会说"不"。**认真对待自己的需求吧，你值得。**

除了手机的问题，家庭分工方面的问题对有孩子的女性来说也是主要压力源之一。如果你是一位母亲，当你想要工作或者必须工作时，你的孩子该怎么办呢？

拥有自主决定权同样适用于这个问题：你可以自己决定，什么时候，由谁来照顾孩子、照顾

多长时间。这是你的生活,你有权根据自己的意愿来安排。顺便说一句:当你想要工作的时候,孩子的父亲同样应该担负起照顾、教育孩子的责任。如果你能意识到,自己不必独自承担照顾孩子的重任,那么你的家务活会少很多,压力也会小很多。因此,对一位母亲而言,缓解家庭生活中的压力的黄金法则是:建立一个由孩子的祖父祖母、自己的兄弟姐妹、自己的朋友以及孩子同学的家长组成的联络网,以确保随时都有人可以照料孩子。**团结就是力量!**

此外,把家务活外包出去也是一种解决方法。熨烫衣服之类的工作可以交给洗衣店,至于打扫卫生,可以每周请一次钟点工。大可不必因为雇用他人做家务而羞耻,相反,你应该感到骄傲,因为你不仅解放了自己,还为他人创造了就业机会。

另外,你还要想明白一件事:无论你是全职还是兼职,都需要兼顾工作和孩子,已经非常辛苦了,因此没必要要求家里时刻保持干净整洁,就像摄影师明天要来拍"整洁之家"的主题照片一样。与其晚上11点还在擦地板或者熨衣服,不如给自己留一点时间读一本好书。

还有哪些事情可以委托给他人处理呢?

小练习

听够枯燥的理论了吧,现在让我们进入实践环节:我们可以利用哪些具体的方法来缓解日常生活中的压力呢?

正如前面提到的,减压的关键在于学会说"不",尽管这样做可能会引起身边的人的抗议或者自己内心的不安。抗议是因为身边的人不习惯被你拒绝,而内心的不安则是因为可能从来没有人告诉过你,你可以拒绝别人和应该如何拒绝别人。

来吧!做完下面这道题,你就能更深刻地理解上面这段话的含义了。

一个朋友想约你周末晚上一起去酒吧玩,但是你对此提不起兴趣,因为你知道孩子会在第二天早上6点准时吵醒你。现在,请根据自己的想法,从下面的选项中选出一项:

A. 和朋友一起外出,享受夜生活。第二天早上让孩子的爸爸和孩子一起起床,这样你可以多睡一会儿。

B. 先把孩子送到他的祖父祖母那儿,再和朋友一起出去玩。

C. 和朋友一起出去玩,但是约定好晚上10点前就得回家,这样你可以保证睡眠充足。

D. 劳累了一周,你已经筋疲力尽,只想泡个澡、读一本好书放松放松,因此回绝了朋友的邀约。

无论选择哪一项,你都不必感到内疚,就算你选择了选项D,朋友向你抱怨、觉得你太无趣了也是如此。朋友感到失望是可以理解的,但是这并不代表你错了。总之,要根据自己的真实意愿做出选择,不要因为考虑他人的想法而做出违背自己意愿的选择。

很多时候,你也想放慢节奏,让自己好好地休息一下,比如经历了晚高峰、排队买菜,回到家后的你只想快点做好晚饭,然后休息一会儿。可偏偏纳税申报材料还乱糟糟地铺在桌子上,浴室也乱得让人无处下脚。但是你知道吗?今天收拾还是明天收拾根本无关紧要。你完全可以坐下来,读一本好书放松一下。就算晚一点再做家务,家人也不会怪你的。

更多减压小技巧:

- **请一个钟点工。**
- **晚上把手机关机,**享受属于自己的休闲时光。
- **定期和伴侣或朋友一起做想做的事情。**

总之,不要被他人影响或控制,做自己就好。

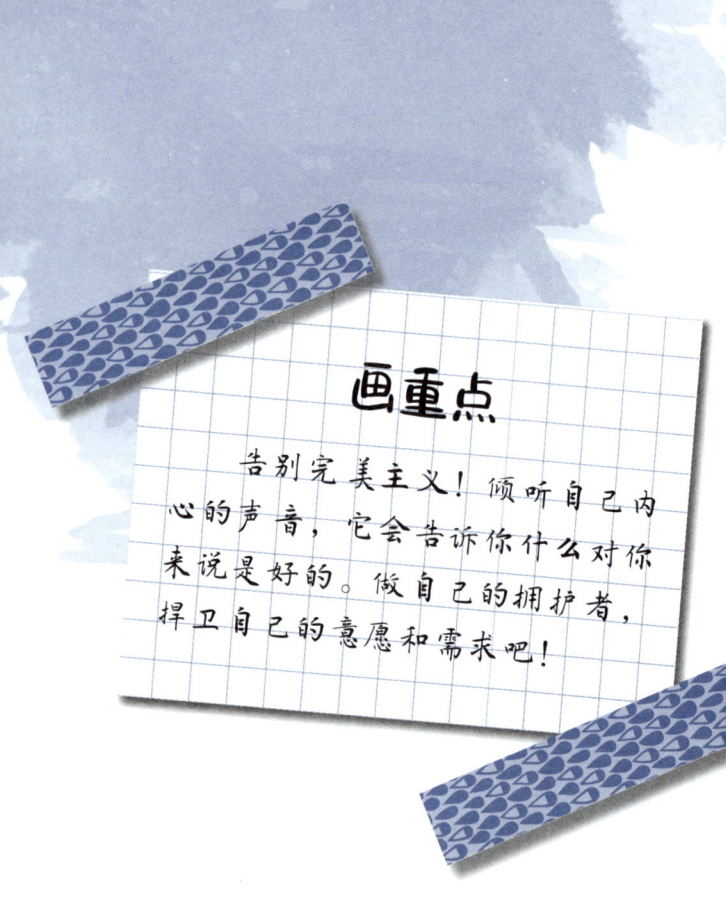

画重点

告别完美主义！倾听自己内心的声音，它会告诉你什么对你来说是好的。做自己的拥护者，捍卫自己的意愿和需求吧！

减少亲密关系中的压力

在我们的认知中,"压力"和"亲密关系"这两个词简直毫不相干。但是,情况真的是这样吗?实际上,压力不仅是生活的一部分,也是亲密关系的一部分。不过,这并不是一件坏事,因为一同面对压力会让两个人更加紧密地联系在一起。重要的是,在这个过程中,两个人要始终相互尊重,共同面对困难,一起成长,这样才能摆脱压力给人带来的困扰。

话虽如此,但是如果能减少亲密关系中的压力或者说冲突的话,我们的生活会轻松不少,亲密关系也会更加和谐。因此,让我们深入研究一下这个问题吧。

为什么亲密关系中也会有压力

亲密关系中有很多因素会导致压力产生。对许多夫妻或情侣而言，压力来源于外部，比如工作、家庭或者朋友，这些因素中的任何一个都可能导致压力的产生。如果问题长时间没有得到解决，就会对亲密关系产生负面影响。

此外，受个体差异的影响，还有一些夫妻或情侣之间的压力并非来自外界，而是源于自身。比如双方在互动过程中，由于性格、文化背景等方面存在差异，导致沟通不畅，长此以往，压力就会产生。

区分亲密关系中的压力是来源于外界还是自身有时并不容易，毕竟现代生活的特点是节奏快、压力大。身处其中，我们很难完全不受影响。

可以肯定的是，关注伴侣的感受，把他当作拥有自己的意愿和需求的独立个体来对待，对缓解这两种压力都有效。就像我祖母常说的那样，拥有良好的亲密关系的关键在于：

压力往往是亲密关系的终结者

持续性压力会导致人情绪暴躁、无精打采、身心疲惫，这对任何一种关系来说都是负担。如果在一段亲密关系中，双方无法感受到彼此陪伴的美好，而是不停地吵架，那么两个人分道扬镳是迟早的事。

长期处于压力状态的表现，如易怒、烦躁不安、神经衰弱、失眠、精神不振和头疼等，会对亲密关系产生负面影响。长期承受压力的一方根本没有精力和耐心去体谅另一方，双方沟通的质量会下降，变得低效且充满攻击性。此外，这也会导致双方在持有不同意见时很难各退一步，达成共识。在这种情况下，对亲密关系来说至关重要的"和睦相处"的感觉已经消失殆尽了。

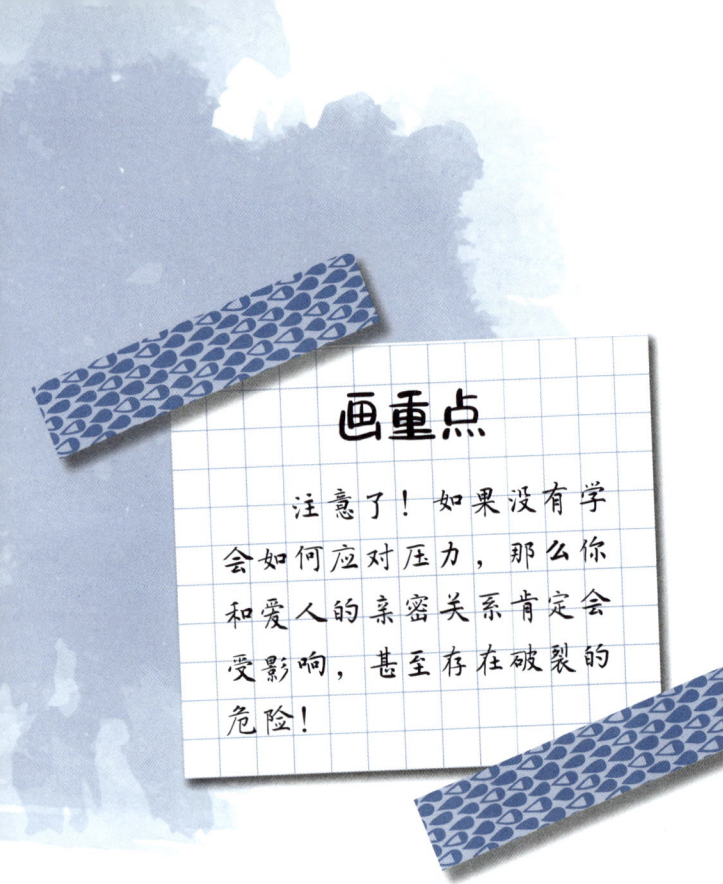

画重点

注意了!如果没有学会如何应对压力,那么你和爱人的亲密关系肯定会受影响,甚至存在破裂的危险!

如何摆脱亲密关系中的压力

虽然我很不愿意这么说，但是在极少数情况下，分开才是唯一的解决方法。因为如果双方互不理解，不愿意包容对方，那么这段关系只会给双方带来更多的压力。具体来说，当双方对幸福生活的设想不一致且互不妥协时，就会出现这种情况。

例如：如果一位女性想要拥有自己的事业，那么她不太可能和一位希望伴侣做全职太太的男性幸福地生活在一起。针对这类事情，双方应该在一段关系刚开始时就进行沟通，以免日后产生更大的矛盾。

我可以肯定地说，如果双方观点一致，那么**他们将拥有双倍的力量去战胜所有的困难！**

当亲密关系中产生持续性压力，最重要的一点就是采用正确的方法处理它。双方应该把自己和伴侣看作一个团队，共同面对压力。这里，我又要引用祖母的金句了："要做到这一点，主要靠良好的沟通。"一般来说，承受压力的一方在沟通中更容易抱怨另一方，曲解另一方的意思，即使另一方的本意完全不是这样。然后你一言我一语，一场激烈的争吵就这样爆发了。怎么样，是不是觉得这个场景分外熟悉？

为了打破这个恶性循环，亲密关系中的双方必须学会坦诚、高效地沟通，告诉对方自己面临的压力和压力来源。在这个过程中，最重要的是，不要过度解读对方的意思。

不要独自面对，相信团队的力量！

坦诚、高效地沟通是缓解亲密关系中的压力的第一步，第二步则是找到一同应对压力的策略。这个策略既可以是培养相同的兴趣爱好、共同参与团队性质的体育运动，也可以是两个人晚上一起散散步。运动可以有效缓解压力，因为当运动量达到一定程度时，我们的身体会分泌能让人感到快乐的内啡肽，从而带走压力和不愉快。

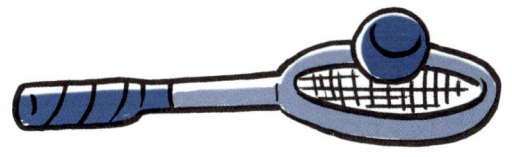

千万别让日常生活中的压力破坏你们的亲密关系。相反，你应该和伴侣一起学习怎样承受和缓解压力。通过这种方式，你们会更加信任彼此、依赖彼此。**请记住**：伴侣是你最重要的盟友！

避免和伴侣发生矛盾或冲突的基本原则：

- 不要等伴侣来找你沟通，主动一点儿！
- 坦诚地告诉伴侣，是什么让你倍感压力。
- 对伴侣说的话表现出兴趣，认真倾听对方的话。
- 让对方把话说完，不要一直打断对方。
- 回应对方的话。
- 尽可能理性地讨论问题，尝试一起寻找解决办法。
- 当你需要一个人静静时，应该清楚地表达这一诉求，注意语气和表达方式。
- 作为回报，当伴侣需要一个人静静时，你也要给他空间。
- 定期一起做一些有仪式感的事情。确保这段时间只属于你们俩。
- 尊重、重视自己的伴侣。

减少工作压力

毫无疑问,无论从事哪一种职业,现代人的工作压力都很大。老师不再仅仅负责传授给学生知识,还得负责全天照料他们。护士需要同时照顾十几名甚至几十名患者,还要完成一些额外的任务。在某些行  业,员工的工作时间不断延长,轮班工作制越来越普遍。办公室里电话响个不停,耗时的工作会议开起来没完没了,电子邮箱里的邮件已经爆满。更糟糕的是,老板又下令要加班来完成某个项目……

情况越来越糟。我们究竟可以做些什么来改变这种状况呢? 无论如何,千万别被吓昏了头。

工作中的压力陷阱

除了上述客观事实之外,个人的性格特点和行为方式也常常导致压力的产生或加剧。这就是工作中的压力陷阱。识别并跳出压力陷阱,有利于减少工作压力。

一切都得完美无瑕

像我这样的完美主义者特别容易有压力。因为完美主义者不仅对自己和他人要求高,还明显承担了更多的工作任务,长时间处于超负荷工作的状态。

完美主义者习惯于不断地激励自己和他人争取最好的成绩,并且会持续给自己施压。如果不能及时改变这种状态的话,他们往往会在某个时刻突然地完全崩溃。此外,完美主义者很难妥善地将任务分配给别人,因为他们一直秉持这一信条:"我情愿自己来做,以免别人做错。"

你也是一个完美主义者吗?如果是的话,你要明白一个道理:**你是一个人,而不是一台机器。犯错并不可怕,正是这些小错误让你成为独一无二的自己!**

执着于获得他人的认可

诚然,每个人都希望领导能称赞自己,但是通过不断加班来获得称赞的方法显然不可取。相信我,这会导致一种非常糟糕的情况出现,那就是一直加班的人将在不知不觉中承担更多的工作。

刚开始,也许你完全注意不到这一点,因为

你完全沉浸在受到领导和同事称赞的喜悦中。但是，当你完成不了持续增加的工作时，你就不得不加更多的班。很快你就会问自己：天哪，为什么所有的工作都要由我来做……

因此，要及早告知领导和同事你的极限在哪里，并告诉他们你承受的压力有多大。要知道，如果不及早遏制这个趋势，你的工作量会持续增加。

缺乏时间管理能力

你是不是认为自己的生活有点混乱？你是否因为工作太多而忙不过来？你是否经常忘记重要的事务，比如参加视频会议？如果是的话，你在时间管理方面可能存在不足。

那些容易忘事、总是在最后一刻才完成任务的人，往往处于高压之下。缺乏时间管理能力是由多方面的因素造成的，例如：如果你需要在很短的时间内完成大量的任务，就很容易产生畏难心理，导致拖延或者失去条理。面对这种情况，你可以将所有任务和它们的完成期限写下来，并根据任务的重要性和紧迫性来规划完成顺序，制订出一个切实可行的时间表，这样做可以帮助你走出这一困境。千万别忘记给自己留出一定的缓冲时间，这样可以帮你免去一些压力。

对抗工作压力的五大妙招

改变随时可以被联系到的状态

有些领导要求下属必须每时每刻都能被联系到,这是一个可怕的现象,因为这会导致下属在本该休息的时间也要承受巨大的压力。那些时刻都能被联系到的员工往往缺少休息,而且从长远来看,他们的工作效率其实低于那些按时休息的人。不过,解决这个问题的方法十分简单,只需要退出工作邮箱、把手机关机就可以了。休息是必不可少的!

我明白,很多人之所以难以摆脱这种状态,是因为他们习惯于借助别人的认可来肯定自己,通过满足他人的期待和要求来获得安全感。但是,这样做只会让人不由自主地陷入工作量不断增加的窘境之中。我们要明白,自己的价值不仅仅体现在比别人承担更多的工作上。外界的认可容易让人上瘾和失去自我,我们要摆正心态,摆脱对它的依赖。

不要做"好好先生"

那些总是表现得很随和的人通常很少对他人说"不"。

你是否经常因为担心显得不礼貌或自私而答应对方的请求,即使你的本意是拒绝对方?你是否总是害怕与他人发生冲突,担心自己的反应会令对方不快?如果是,那么你也属于这一类人。

当心,虽然说"好"似乎能更轻松地解决当下的问题,但是这种方法很快就会让人走入死胡同中。总是说"好"的人不仅得不到他人的尊重,还得承担更多的工作,因为领导和同事迟早都会发现,这类人无论面对什么样的要求都会答应。

明确表达自己的意愿

当同事们找你诉苦或是抱怨时,你是否总是会耐心倾听?如果你的回答是"是"的话,你在工作时很可能经常被打断。显然,这容易使你变得烦躁,尤其是当你正在全神贯注地做一项复杂的工作时。

你要明确地向同事们表达自己的意愿,告诉他们,你在工作时不想总是被打扰。**尽管说出口有点难,**但是为了你的健康和工作效率,请勇敢地告诉他们吧!

甩掉错误的工作

在某些情况下,长期处于高压状态并不是因为我们的行为,而是因为我们从事的工作出了问题。这不一定是工作本身的原因,也可能是因为其他因素,比如公司的工作氛围。

你所在的公司是不是把加班当作常态，甚至规定晚上或周末要定期加班？如果是这样，那么你只能换一家公司了。如果你无法从工作中找到任何乐趣，或因为工作不适合自己而深受折磨，这说明你选择了一份错误的工作。不必压抑这种想法，你应该诚实地审视它，并且积极地寻求改变。

牢记"少即是多"

"少即是多。"这句箴言你一定听过很多次。如果你发觉自己在面对繁重的工作时有种难以喘息的感觉，明明已经很努力但是始终没有取得理想的成绩，那么你应该好好思考一下这句箴言的深层含义。

在生活中，我们常常忘记自己的生命是有限的，我们的存在也不是永恒的。你有没有想过，自己可能在某一天会因为不堪重负而突然崩溃，连正常生活都过不下去？如果你现在觉得压力非常大，那么为什么不尝试改变呢？哪怕只是缩短工作时长或是给自己放个假。

请牢记：生命只有一次，健康的身体是做一切事情的基础。如果我们不爱惜自己的身体，身体迟早会受不了，我们甚至有可能突然失去生命。因此，我们要做的既不是一味追求事业成功，也不是取悦领导和同事，而是追寻自己的幸福。

当然，确实有一些人在有压力的情况下才能进入最佳状态，但是大部分人面对持续性压力会感到不适和厌烦，最终影响身体健康。

先弄清楚自己究竟想要什么,然后努力过上真正想要的生活!

如何说服你的领导

优秀的管理者知道,压力过大会危害员工的健康,让员工保持时刻在线的状态会妨碍他们休息,导致他们放完假后也很难振作精神,迅速投入工作。不幸的是,这样的管理者实在是太少了。

因此,当你突然改变工作方式和行为习惯时,一开始很容易被领导或同事误解。这时,不要在意他人的看法,你要做的是对自己负责。改变可以从拒绝不合理要求、准时下班、不再每天早上第一个出现在办公室开始。这样做并不会导致你的工作质量降低,你完全可以用自己的工作成绩向领导证明你并没有偷懒,而且这会让你减少很多压力。当你已经对持续性压力宣战,但你的领导对此颇有微词时,你可以跟他聊一聊。

虽然许多管理者不相信,但是事实便是如此:压力和长期加班并不一定能使员工的工作效率更高。自信一点，你可以用有力的证据和自己的表现让你的领导相信这一点。

此外，千万不要太谦虚！许多女性非常努力，而且工作完成得十分出色，但是因为她们什么也没说，导致从来没有人注意到她们的成绩。过去，谦虚也许会被认为是女性的一种美德，但是现在，过于谦虚已经成为女性职业发展的一大主要障碍。

相信自己，你有能力，也有成绩！大胆站出来吧！ 当你开始准时下班，抵制"加班文化"，表明这种工作模式给自己造成了太多负担时，领导才更有可能重视并着手解决这个问题。

就算领导找你谈话，你也完全可以跟他摆事实、讲道理，不要放弃为自己而战。牢记一点：你的目标是摆脱有害的持续性压力，过上健康、幸福的生活。

不过，你肯定知道，完全没有压力也是行不通的，毕竟压力能驱使你更加努力。但是你必须明白：按时休息、跳出"仓鼠跑轮"不仅对自己有益，对公司和家庭也有好处。只有坚信这一点，你才能活得更轻松。

啊,你现在就下班了?

对啊!多亏了我的时间管理能力,今天的任务我已经全部都完成了!

认识并改变有害的减压策略

长期处于压力状态下的人们更容易依赖某些成瘾性物质。出现这种现象的原因主要是这些物质能让人们短暂地振奋精神,完成繁重的工作,从而减轻压力造成的心理负担。这里所说的成瘾性物质并不是特指毒品,还有咖啡、功能性饮料、香烟、酒精、成瘾性药物等。这些物质的滥用也是压力过大的一种信号。

压力大时,为什么容易依赖成瘾性物质

老老实实地回答以下这些问题吧:你一天喝几杯咖啡,是不是一天也离不开咖啡?下班后,你是不是已经习惯了喝一杯甚至是更多的酒来缓解一天的疲惫?你经常抽烟吗?

我曾读过相关报道:相比其他群体,大学生和年轻的职场人士反而越来越多地开始服用精神药品,例如盐酸哌甲酯片。普通人服用盐酸哌甲酯片后,身体的警报信号,如疲惫、疼痛和精力衰竭等会被暂时抑制,但是这会带来严重的后果。长时间、大剂量服用盐酸哌甲酯片会导致服用者对其产生躯体依赖和精神依赖,长此以往,会造成肝肾功能损伤、大脑出现幻觉,引发精神问题。

正如前文提到的,长期处于压力状态下的人

容易把依赖成瘾性物质当作摆脱压力的手段,但是这一方法显然不可取,因为相比于直面压力,抑制和逃避只会放大压力的负面影响。

此外,任由电子产品过度影响我们的生活同样会造成危害。如果是由手机而不是你自己来决定什么时候其他人可以联系到你,那么工作与生活之间的界限会变得模糊,你也会一直处于压力状态。除了领导的要求,这些电子产品也给了我们一种错觉,它们使我们相信,一旦下线,我们就会错失很多机会。这种必须马上做出回应的感觉和义务会给我们带来额外的压力。

我的建议:

　　顺便说一句,对工作上瘾也存在危险。那些持续工作、做不到按时休息的人,身体往往长期处于亚健康状态。所以,要保持警惕,注意身体发出的警报!

戒瘾，从大脑开始

摄入成瘾性物质看似可以帮助我们应对压力，但实际上，这种做法只会摧毁我们，因为这么做将给我们造成额外的生理和心理负担，最终会导致我们承受更大的压力。但是，上瘾者往往很难意识到这一点。而当他们终于意识到自己的行为的弊端时，往往为时已晚。

从普通员工到高层领导，各个阶层的人对酒精、香烟或咖啡的消费需求都呈现不断增长的趋势。人们似乎已经形成了一个共识：这些能让人振奋精神的东西可以对抗压力。这就是我们常常不能正确地认识它们、与它们保持一定距离的原因。

如果想永久地解决持续性压力问题，我们必须找到其他更健康的减压方法。健康的减压方法绝不是依赖酒精、香烟、咖啡或其他成瘾性物质,因为这些东西最终将给我们带来更多的负担和伤害。我们需要的是真正能让我们的身心放松下来的减压方法。

戒瘾,首先从大脑开始!通过自我觉察,鼓起勇气承认自己的上瘾行为吧,尽管这非常困难,但是为了我们自己,我们必须这样做。

摆脱成瘾行为

当然，完全戒掉成瘾行为并非易事。瘾是由于神经中枢经常接受某种外界刺激而形成的习惯性或依赖性。无论上瘾者承认与否，这一习惯性或依赖性都已超出其可以自控的范围。

"正确认识成瘾行为是帮助你戒掉它的第一步！"

戒瘾的关键在于改掉长久以来的坏习惯,就像给自己重新编写一个程序一样,养成新的好习惯,形成正确的行为模式。在这一过程中,旧的行为模式会一遍遍地冲击上瘾者的生理和心理防线。大多数人无法靠一己之力戒瘾,因此如果你也有成瘾行为,一定要向心理咨询师或有关机构寻求帮助。

缓解负面压力的有效技巧

最后，我整理了10种能够显著缓解负面压力的技巧，这些技巧都是我自己使用过的而且觉得有效的。掌握了这些技巧，你就可以武装好自己，为应对压力做好充分的准备。让我们开始吧！

1.敢于说"不"

许多人因为担心出现令人不愉快的场面,而不敢对他人说"不"。甚至有人认为,说"不"是不友好和自私的表现。但是,拒绝其实是一种自我保护行为,可以防止自己承担过大的压力。如果你从不说"不",就等于放弃了对自己的时间和精力的控制权,你会因此而变得不满和压力重重。

2.关注自身需求

你要明白,你和其他人一样有价值。你拥有与那些向你索取东西的人同样的权利。因此你必须学会关注自己,把自身的需求放在第一位。只有当你重视自己、尊重自己时,别人才会重视和尊重你。

3.设立底线

正如每个人都有自己的需求一样,每个人也都有自己的底线。底线如同个性一样,因人而异，底线不同的人往往很难通过协商达成一致。对这个人来说不值一提的事，对另一个人来说可能就是完全无法接受的事。

你自己最清楚自己想要什么，自己能承受的压力极限在哪里——而不是你的领导、同事、朋友或者伴侣。其他人都在专注地追求他们自己的目标，你又不是他们的附属品，那么，为什么他们应该比你拥有更多权利呢？给自己设立底线，然后坚决地捍卫自己的权利吧！

4.设定优先级

有害的持续性压力产生的一大原因是没有为要做的事设定优先级或是优先级设定得不明确。你是不是想要取悦所有人，无论是领导、同事、朋友还是伴侣？但是你很难在生活的方方面面都投入百分之百的精力。就算你真的可以，长此以往，你也很容易崩溃。

不要害怕为需要做的事设定优先级。不论其

他人想要你做什么,你都应该明确对你而言什么是最重要的,你想在哪件事上投入更多的时间。

5.把时间留给自己

负面压力通常与缺乏生活自主权有关。如果我们觉得自己不能控制自己的生活,自由支配自己的时间,就容易陷入压力的旋涡中。这种失去自主权的感觉又会导致我们很难做决定,最终只能让别人来掌控我们的生活,形成恶性循环。

这种恶性循环会导致压力的产生,这也就是为什么我建议你定期留些时间给自己和自己想做的事情。这样你才能重新获得自主权,赢得一些休息时间,缓解工作和生活中的压力。建造一个只属于自己的"安全岛"吧,让自己在那儿好好地歇一歇。

6.培养一个爱好

上面所说的"安全岛"的形式多种多样,培养一个兴趣爱好就是其中的一种。找到可以给自己带来乐趣和让自己放松下来的活动，这个活动的主要作用在于帮你在工作与日常生活之间找到平衡。有些人的兴趣爱好是参与社团活动，也有些人喜欢收集邮票、养鸡或者养花。我则喜欢通过坐在舒适的沙发上织毛衣、围巾来放松身心。

虽然有些兴趣爱好会给你带来压力，但是这种压力对你的影响往往是正面的，能够激励你并给予你力量。你唯一要遵守的原则是：你要热爱你所做的事，并且能从中获得能量。如果这个兴趣爱好变成了额外的负担，那么你最好远离它。

7.关注生活中的点点滴滴并学会享受

孩子们经常会因为一点小事而兴奋不已，他们会花几小时来观察甲虫，或是不辞辛苦地穿过一大片森林只为看看另一边的花。而大多数成年人则在忙碌的日常生活中丢失了这种能力。有意识地感知生活中的点点滴滴，你会发现，生活中其实蕴藏着许多乐趣,这样你不仅可以对生活充满热情,还能摆脱压力。无论是开满金凤花、有很多蝴蝶在上面翩翩飞舞的草坪,还是幽静的湖水,都可以给你力量。你甚至不必花很长时间来注视它们,只要记得去欣赏大自然与生活的美丽就可以。

你需要做的,只是坐在公园里的长椅上,把手机放进口袋,然后观察四周。刚开始时,你可能会觉得自己这样什么都不做有点奇怪。但是,相信我,一段时间之后,你的身心就会平静下来。

8.学会正确地放松

长期承受着很大压力的人到底该如何正确地减压呢?或许可以睡前看一些影视剧,顺便再吃一袋薯片?千万不要!也许是因为影视剧会让人太过兴奋,也许是因为睡得太晚,也许是因为闪烁的屏幕会让睡眠质量变差……总之,那些睡前花很多时间看剧的人通常睡眠不足。所以,晚上不要把手机放在床头,早点关掉所有的电子设备进入休息状态吧!

你可以找一种真正能将身心从压力状态下解放出来的方法来代替看剧。公认的行之有效的方法包括练瑜伽、冥想、健身等。多试几种不同的方法,以便找到最适合自己的那一种吧!

9.定期锻炼

几乎没有任何方法可以像体育锻炼一样如此有效地缓解压力。你是否也有同样的经历:快走或慢跑后,你虽然感到筋疲力尽,但是又觉得自己无比放松?

在户外进行体育锻炼是缓解压力的好办法。别担心,我不是让你现在就去森林里长跑,长时间地散步或者骑自行车也可以达到同样的效果。在户外,你可以吸入更多的氧气,还可以尽情欣赏大自然的美景,这样你可以进一步放松下来。毕竟在日常生活中,你的眼睛已经受够各种屏幕了，抓住一切机会远离它们吧！

10.养成健康的饮食习惯

不健康的饮食习惯就像成瘾性物质一样，会给你的身体造成额外的负担。那些在工作和日常生活中承受着巨大压力的人需要额外补充维生素和矿物质。此外，众所周知，不健康的饮食习惯加上缺乏运动往往会导致肥胖。

健康的饮食习惯能够帮助你更轻松地应对压力，并且相比于垃圾食品，健康的饮食能给你带来更多的能量和活力。除此之外，健康的饮食习惯也意味着把时间和心思花在吃饭上，而不是总是坐在屏幕前狼吞虎咽。也许你可以定期和关系好的同事相约在休息室一起吃饭？美味、健康的食物和愉快的交谈会赋予你力量，让你更轻松地应对工作和日常生活中的压力。祝你有个好胃口！

结语

你是否不紧不慢地读完了这本小指南？至少在此期间，你是否没有感受到任何压力？太棒了！我很高兴你能给自己留出阅读的时间！

很遗憾，我们每个人都经常遇到"压力山大"的情况。从"工作时有一点儿压力"到"长期超负荷运转"，再到"出现慢性疲劳综合征的症状"，这些状态之间并非界线分明。为了防止情况不断恶化，你应该留心观察自己的身体发出的信号，慎重地分配自己的精力。你需要时不时地停下来问问自己：我感觉怎么样？我有属于自己的时间吗？哪些事情给我的压力最大？我喜欢做这些事情吗？

当你接收到身体发出的信号后，一定要尽早采取应对措施。我希望这本指南中的建议和技巧能够帮助你更好地应对日常生活中的各种压力。

现在，再给自己几分钟时间，放飞思绪，让自己处于完全放空的无压力的状态吧！期待与你的下次相遇！

米苏夫人